U0215912

麋鹿谣

白加德 ◎ 编著

北京科学技术出版社

图书在版编目（CIP）数据

麋鹿谣 / 白加德编著 . —北京：北京科学技术出版社，2019.8
（麋鹿故事）
ISBN 978-7-5714-0305-8

Ⅰ . ①麋… Ⅱ . ①白… Ⅲ . ①麋鹿 – 介绍 Ⅳ . ① Q959.842

中国版本图书馆 CIP 数据核字（2019）第 100005 号

麋鹿谣（麋鹿故事）

作　　者：白加德
责任编辑：韩　晖　李　鹏
封面设计：天露霖
出 版 人：曾庆宇
出版发行：北京科学技术出版社
社　　址：北京西直门南大街 16 号
邮政编码：100035
电话传真：0086-10-66135495（总编室）
　　　　　0086-10-66113227（发行部）　0086-10-66161952（发行部传真）
电子信箱：bjkj@bjkjpress.com
网　　址：www.bkydw.cn
经　　销：新华书店
印　　刷：北京宝隆世纪印刷有限公司
开　　本：880mm × 1230mm　1/32
字　　数：171 千字
印　　张：7.625
版　　次：2019 年 8 月第 1 版
印　　次：2019 年 8 月第 1 次印刷
ISBN 978-7-5714-0305-8 / Q · 164

定　　价：80.00 元（全套 7 册）

前　言

　　麋鹿（*Elaphurus davidianus*）是一种大型食草动物，属哺乳纲（Mammalia）、偶蹄目（Artiodactyla）、鹿科（Cervidae）、麋鹿属（*Elaphurus*）。又名戴维神父鹿（Père David's Deer）。雄性有角，因其角似鹿、脸似马、蹄似牛、尾似驴，故俗称"四不像"。麋鹿是中国特有的物种，曾在中国生活了数百万年，20世纪初却在故土绝迹。20世纪80年代，麋鹿从海外重返故乡。麋鹿跌宕起伏的命运，使其成为世人关注的对象。

麋鹿种，很奇特；四不像，湿地活。

角似鹿，降福禄；脸似马，精神佳。

尾似驴，善执着；蹄似牛，拓荒土。

哺乳纲，偶蹄目；四室胃，食草兽。

论起源，产中国；数年头，三百万。

古分布，遍中原；西到陕，渭河边。

东至台，沪包含；最南方，是海南。

康平县，是北端；咋推断，化石点。

古麋鹿，数量多；黄河滩，长江边。

汉代前，很常见；在之后，逐渐少。

人增稠，农地添；气候变，湿地退。

栖息地，遭破坏；元明清，当奇货。

清中期，仅百只；驻皇家，南海子。

fǎ guó rén　　míng dài wéi　　chuán jiào shì　　ài lǚ yóu
法国人，名戴维；传教士，爱旅游。

tàn zhí wù　　guān dòng wù　　zhì biāo běn　　bó wù mí
探植物，观动物；制标本，博物迷。

yòng wén yín　　èr shí liǎng　　gòu cí mí　　liǎng zhāng pí
用纹银，二十两；购雌麋，两张皮。

sòng bā lí　　zì rán guǎn　　shí guǎn zhǎng　　ài dé huá
送巴黎，自然馆；时馆长，爱德华。

jīng jiàn dìng　　shì xīn zhǒng　　fā wén zhāng　　chuán sì fāng
经鉴定，是新种；发文章，传四方。

cóng cǐ hòu　　dá shì zhǒng　　mí lù shǔ　　xīn dìng míng
从此后，达氏种；麋鹿属，新定名。

4

qīng mò nián　　cháo tíng shuāi　　shè huì luàn　　hé shuǐ huàn
清末年，朝廷衰；社会乱，河水患。

qīn lüè zhě　　luàn jīng chéng　　jī mín liè　　wài qiáng lüè
侵略者，乱京城；饥民猎，外强掠。

jí xiáng shòu　　bù zài yǒu　　běn tǔ jué　　lì cāng sāng
吉祥兽，不再有；本土绝，历沧桑。

yīng gōng jué　　bèi fú tè　　quán ōu zhōu　　jí mí lù
英公爵，贝福特；全欧洲，集麋鹿。

yǒu duō shǎo　　shí bā zhī　　mí lù zhǒng　　dé yán xù
有多少，十八只；麋鹿种，得延续。

<ruby>八<rt>bā</rt></ruby><ruby>五<rt>wǔ</rt></ruby><ruby>年<rt>nián</rt></ruby>，<ruby>重<rt>chóng</rt></ruby><ruby>引<rt>yǐn</rt></ruby><ruby>入<rt>rù</rt></ruby>；<ruby>三<rt>sān</rt></ruby><ruby>十<rt>shí</rt></ruby><ruby>八<rt>bā</rt></ruby>，<ruby>始<rt>shǐ</rt></ruby><ruby>还<rt>huán</rt></ruby><ruby>家<rt>jiā</rt></ruby>。

麋鹿苑，护麋鹿；造生态，建家园。

mí lù yuàn　　hù mí lù　　zào shēng tài　　jiàn jiā yuán
麋鹿苑，护麋鹿；造生态，建家园。

sān shí nián　　kuò qiān dì　　hēi jí liáo　　lǔ yù wǎn
三十年，扩迁地；黑吉辽，鲁豫皖。

jīn jì yuè　　è xiāngchuān　　hù sū zhè　　mǐn qióng gàn
津冀粤，鄂湘川；沪苏浙，闽琼赣。

guó jiā xīng　　mí lù xīng　　shēng tài xīng　　wén míng xīng
国家兴，麋鹿兴；生态兴，文明兴。

chūn sān yuè　　hé shǐ kāi　　niǎo běi qiān　　cǎo méng yá
春三月，河始开；鸟北迁，草萌芽。

mǔ mí lù　　tāi shí yuè　　yùn qī bì　　chǎn yòu zǎi
母麋鹿，胎十月；孕期毕，产幼崽。

xiǎo mí lù　　zhàn qǐ lái　　chī mǔ rǔ　　bǎo jiàn kāng
小麋鹿，站起来；吃母乳，保健康。

tuǐ xiū cháng　　tǐ kāng jiàn　　gāo liǎng chǐ　　huā bān diǎn
腿修长，体康健；高两尺，花斑点。

清明过，天渐热；麋鹿群，换新装。

先前胸，后腹侧；厚毛衣，全脱落。

雄麋鹿，茸壮硕；茸角重，十斤多。

雌麋鹿，带幼崽；练躲藏，教过河。

五月里，草满堤；雄麋鹿，强健体。

角长成，蹭树干；脱茸皮，威风现。

小麋鹿，初长成；爱嬉戏，集小群。

头顶撞，咬耳朵；爱游泳，撒欢跑。

liù yuè liù　　dǎ lèi tái　　yǒng zhě shèng　　dāng lù wáng
六月六，打擂台；勇者胜，当鹿王。

jìng zhēng zhě　　dǒu jīng shen　　shēn tú ní　　jiǎo tiǎo cǎo
竞争者，抖精神；身涂泥，角挑草。

lǎo lù wáng　　bèi dǎ bài　　luò huāng táo　　yǎng jīng ruì
老鹿王，被打败；落荒逃，养精锐。

zì rán jiè　　jiǎng fǎ zé　　qiáng zhě shēng　　ruò táo tài
自然界，讲法则；强者生，弱淘汰。

qī bā yuè　tiān zuì rè　niǎo dī míng　chán gāo chàng
七八月，天最热；鸟低鸣，蝉高唱。

mí lù qún　shuǐ lǐ wò　fáng wén chóng　jiàng shǔ rè
麋鹿群，水里卧；防蚊虫，降暑热。

jiǔ shí yuè　tiān jiàn liáng　cǎo jiē shí　yè jiàn huáng
九十月，天渐凉；草结实，叶渐黄。

tiē qiū biāo　zēng yíng yǎng　chuān qiū yī　máo róng zhǎng
贴秋膘，增营养；穿秋衣，毛绒长。

mí lù zhǒng　xǐ jí qún　zài xià jì　zuì míng xiǎn

麋鹿种，喜集群；在夏季，最明显。

wáng yǔ fēi　fán zhí qún　qīng zhuàng nián　jìng zhēng qún

王与妃，繁殖群；青壮年，竞争群。

dān shēn hàn　guāng gùn qún　xiǎo lù zǎi　yòu ér yuán

单身汉，光棍群；小鹿崽，幼儿园。

qiū dōng chūn　lǎo zhōng qīng　hùn hé qún　dà tuán yuán

秋冬春，老中青；混合群，大团圆。

yǒu gǔ rén　　lǐ shí zhēn　　zhù běn cǎo　　shù wàn wù
有古人，李时珍；著本草，述万物。

mí xǐ zhǎo　　xìng shǔ yīn　　mí lù jiǎo　　yī nián shēng
麋喜沼，性属阴；麋鹿角，一年生。

dōng zhì dào　　mí jiě jiǎo　　rì zhào shēng　　róng jiǎo shèng
冬至到，麋解角；日照升，茸角盛。

麋_{mí}鹿_{lù}角_{jiǎo}，有_{yǒu}特_{tè}色_{sè}，其_{qí}倒_{dào}立_{lì}，稳_{wěn}站_{zhàn}地_{dì}。

麋_{mí}鹿_{lù}皮_{pí}，毛_{máo}旋_{xuán}五_{wǔ}，脖_{bó}肩_{jiān}四_{sì}，荐_{jiàn}椎_{zhuī}一_{yī}。

按_{àn}此_{cǐ}理_{lǐ}，鉴_{jiàn}麋_{mí}鹿_{lù}，百_{bǎi}分_{fēn}百_{bǎi}，确_{què}无_{wú}疑_{yí}。